Claudia Gunkel

Ethnien in Südafrkia

Hintergründe, Auswirkungen und Maßnahmen

GRIN Verlag

Bibliografische Information der Deutschen Nationalbibliothek:

Die Deutsche Bibliothek verzeichnet diese Publikation in der Deutschen National-
bibliografie; detaillierte bibliografische Daten sind im Internet über http://dnb.d-
nb.de/ abrufbar.

Impressum:

Copyright © 2010 GRIN Verlag, Open Publishing GmbH
Druck und Bindung: Books on Demand GmbH, Norderstedt Germany
ISBN: 978-3-640-69156-2

Dieses Buch bei GRIN:

http://www.grin.com/de/e-book/155966/ethnien-in-suedafrkia

Ethnien in Südafrika:
Hintergründe, Auswirkungen und Maßnahmen

Lehrstuhl Tourismus

Wirtschaftswissenschaftliche Fakultät/
Mathematisch-Geographische Fakultät
der Katholischen Universität Eichstätt-Ingolstadt

Eingereicht von:
Claudia Gunkel

Inhaltsverzeichnis

Abbildungs- und Tabellenverzeichnis

Einleitung

Südafrika – ein Land mit 11 verschiedenen Amtssprachen, unzähligen Völkern, und vier Rassen wird nicht umsonst als 'Regenbogennation' bezeichnet. Doch das friedliche Leben der ethnischen Gruppen nebeneinander ist geprägt vom Schattendasein des Apartheidsregimes. Gesetze der strikten Rassentrennung und Abgrenzung im öffentlichen und privaten Raum rauben den Völkern ihre Lebensgrundlage. Ethnien mit eigenen kulturellen Identitäten und sozialen Organisationen wurden unterdrückt, Menschenrechte und Grundgesetze missachtet. Trotz-dessen die Apartheid seit knapp 20 Jahren Vergangenheit ist, können neue Strukturen der Postapartheid die Geschichte nicht verwischen. Die erste Verfassung des neuen Südafrika musste das naturgegebene Potenzial behutsam benutzen, um die Lähmungen der Apartheid zu überwinden. Nach den ersten freien Wahlen will Südafrika nicht mehr länger – so Mandela am 10. Mai 1994 – 'das Stinktier der Welt' sein (vgl. Behrens/Rimscha 1994: 9). Aber aus dem Willen der Versöhnung allein entsteht noch keine multirassische, friedliche Gesellschaft mit vergleichbaren sozialen Standards. Viele offene Fragen lassen Hoffnungen der Postapartheid entstehen, damit Arbeitslosigkeit und Bildungsdefizite abgebaut, Wohnungsnot und Eigentumsfragen geklärt, die Gesundheitsfürsorge verbessert werden kann. Ein Land wie Südafrika hat kulturelle, soziale und ethnische Anforderungen wie kaum ein zweites Land. Die Komplexität der ethnischen Gruppen ist enorm.

In dieser Arbeit soll die Vielschichtigkeit südafrikanischer Völker durch geschichtliche Hintergründe und den Einfluss neuer Entwicklungen seit dem Beginn der Postapartheid näher beleuchtet werden.

1.   Definition: Ethnien und ethno-politische Spannungen

Ethnien – gleichgestellt mit ethnischen Gruppen – werden allumfassend als 'fremdes' Volk bezeichnet. Als eine Gemeinschaft von Menschen grenzen sie sich durch eine oder mehrere Gemeinsamkeiten von anderen Volksgruppen ab. Dies greift meist auf den geschichtlichen Hintergrund, die homogene, kulturelle Daseinsformen oder die enge Verbindung zum bewohnten Raum zurück. Weitgreifend wird von kulturellen Identitäten ausgegangen, die aus gemeinsamen Grundlagen der Vergangenheit oder kollektiven Zukunftsperspektiven hervorgehen. Max Weber definierte bereits im 19. Jahrhundert die ethnische Gruppe als „eine Gruppe von Menschen, die durch kulturelle Homogenität miteinander verbunden ist." (Berry 1951: 75). Die Gemeinschaft zeigt sich durch Tradition, Sprache, Religion, Kleidung, Essgewohnheiten, Verhaltensmuster, Brauchtum etc., die ebenso als nach außen sichtbare Abgrenzungszeichen verwandt werden.

Der Begriff der Ethnien bzw. Ethnizität ist in die Wissenschaft der Völkerkunde und Ethnologie sowie aus räumlicher Sichtweise in die Sozial- und Humangeographie einzuordnen. Alexander (1984: o.S.) beschreibt Ethnizität wie folgt: „[...] 'ethnicity' is a disguised belief in some kind of divine will or biological-cum-cultural fate that allegedly 'explains' why collectivities of people behave in certain ways and which divert them from realistic political understanding and action." Zegeye (2001: 195) bestätigt die Kollektivität und homogene Gruppenidentität in seiner eigenen Definition: „Ethnicity refers to the way individuals identify themselves, or are identified by others, collectively, and act according to those identities." Wissenschaftlich beschreibt Ethnizität im eigentlichen Sinne nicht bestimmte Eigenschaften, sondern ein Verhältnis und relationale Beziehungen (vgl. Gingrich 2001: 100).

Den Terminus der ethno-politischen Spannungen beschreibt die Autorin als Konfliktpotenziale zwischen ethnischen Prinzipien und politischen Rahmenbedingungen. Im heutigen Südafrika sind die Begrifflichkeiten rund um Ethnizität sehr umstritten: „There are two possible reasons why 'ethnicity' is so significant an issue in South Africa. Firstly, because even opponents of racist governments have often used 'ethnic' arguments to oppose racist ones. Secondly, although governments have abandoned piecemeal the glaring crudeness of blatant racist arguments, the consequences of racist policy and practice will persist until the 'new' South Africa is psychologically firmly established." (Bloom 1998: 106). Es ist deutlich erkennbar, dass bereits in den Jahren der Postapartheid Ethnizität weiterhin mit Rassismus gleichgesetzt wird, sodass die ethno-politischen Konfliktpotenziale nicht nur gegeben sind, sondern auch verschärft werden.

Es kann somit grundlegend festgehalten werden, dass Ethnien als Gruppen von Menschen verstanden werden, die sich durch ihre gemeinsame Abstammung, Kultur und homogene Identität von anderen Volksgruppen unterscheiden.

2.   Überblick

Zur anschaulichen Erklärung der räumlichen Verteilung aller ethnischen Gruppen dient die Karte in Abbildung 1.

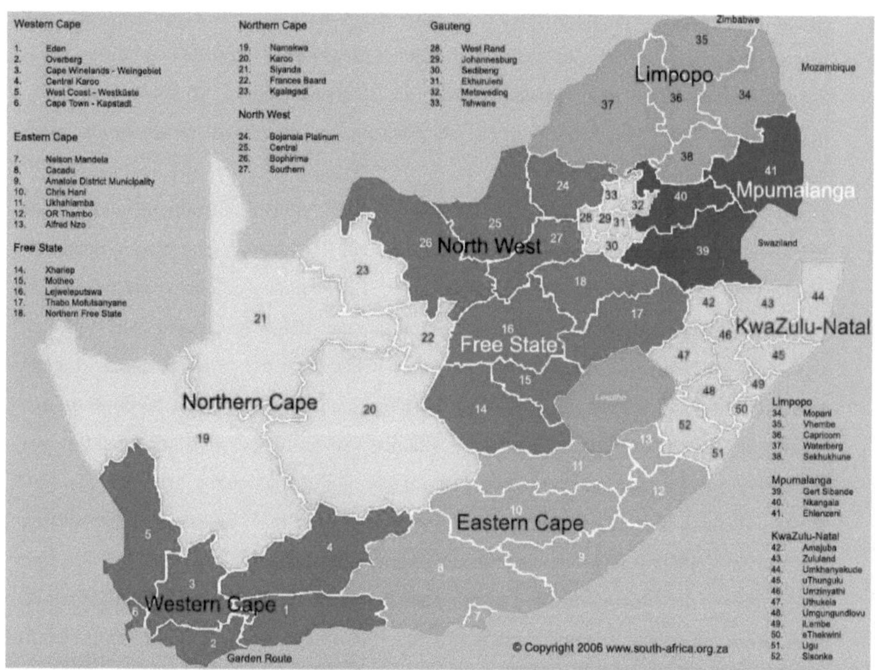

Abb. 1: Südafrika Provinzen (mit Provinzeinteilung).

Das Staatsgebiet Südafrikas hat sich seit dem Ende der Apartheid fast verdoppelt, nachdem die vier 'unabhängigen' Staaten (Transkei, Bophuthatswana, Venda, Ciskei) und die sechs 'autonomen' Gebiete (Lebowa, Gazankulu, KwaZulu, Qwaqwa, Kangwane, Kwandebele) zu Südafrika zurückgekehrt sind. Nach den ersten freien Wahlen im Jahr 1994 (Mandelas Wahl zum Präsidenten) wurden diese Homelands wieder in das Land eingegliedert und es erfolgte eine komplette Neugliederung in neun in der Verfassung festgelegte Provinzen, die im wesentlichen den bisherigen Entwicklungsregionen des südlichen Afrikas entsprechen: Nordkap, Westkap, Ostkap, Nordwestprovinz, Limpopo/Nordprovinz, Mpumalanga, Gauteng, Oranje-Freistaat, und KwaZulu-Natal. (vgl. Behrens/Rimscha 1994: 202).

Rassentrennung

Dazu zählt ebenso die Unterteilung der südafrikanischen Einwohner nach ihrer Rasse: „[...] it was accepted, that Africans were organized naturally into 'tribes' [...]. (Vail 1989: 1) - Rassentrennung als Teil der Menschheitsgeschichte und als wesentlicher Einfluss während der Apartheid. Shore (2009: 36) beschreibt in seinen Konfliktforschungen die Apartheid zugeschnitten als Instrument rassistischer Separation: „Apartheid is the Afrikaans word for 'separation' which denotes 'aparthood' or 'apartness'. In South Africa, the term was used to justify racial separation to varying degrees. From the arrival of the Dutch in southern Africa until the early nineteenth century, an informal system of racial separation existed, first imposed by the Dutch and then by the British. Although not an official policy until 1948, when Daniel Malan, the chief architect of apartheid, and his National Party won the general election, racial segregation and apartness can be traced back to the colonisation of South Africa."

Mit dem *Population Registration Act* von 1948 ist die Rassentrennung gesetzlich geregelt. Bis zum Jahr 1991 war die Transparenz der vier Rassen erkennbar. Der Übergang von einem Zustand der Rassendiskriminierung zu einer 'Regenbogennation' mit einer Wertschätzung der menschlichen Vielfalt und Gleichheit verlangt jedoch große Verschiebungen in der sozialen Ideologie – Südafrika ist ein Land, dass weitreichende Änderungen mit dem Einsatz von rassentrennender Diskriminierung begleitet hat (vgl. Strous 2003: 15).

Jahr	Gesetz	Erklärung
1911	Miners and Work Act	Bevorzugung Weißer im Wirtschaftssektor
1913	Native Land Act	Landverteilung
1923	Native Urban Areas Act	Verbot schwarzer Wohngebiete in Stadt
1925	Miners and Work Amendment Act	Verschärfung des Miners and Work Act
1927	Immorality Act	Verbot sexueller Kontakte und des Geschlechtsverkehrs zwischen Schwarzen und Weißen
1937	Native Laws Amendment Act	
1948	Population Registration Act	Zuordnung der Rassen
1949	Prohibition of Mixed Area Act	Ehen zwischen Rassenangehörigen
1949	Group Areas Act	Zuordnung der Wohngebiete
1953	Bantu Education Act	Verbot höherer Bildung für Schwarze

Tab. 1: Überblick der Gesetze im 20. Jahrhundert.

In der ersten Hälfte des 20. Jahrhunderts wurde durch zahlreiche Gesetzeswerke die Trennung der Rassen im öffentlichen und privaten Leben verschärft (vgl. Tabelle 1). Ab 1948 entstanden durch den Wahlsieg der Nationalpartei immer striktere Apartheidsgesetze.

Die vier Rassen

Die südafrikanische Bevölkerung wird von der dunkelhäutigen Bevölkerung dominiert. Neben Weißen und Farbigen emigrieren dennoch zunehmend Asiaten v.a. Inder (vgl. Tabelle 2).

Gruppen	Prozentualer Anteil an Gesamtbevölkerung (in %)	Anzahl der Bevölkerung
Afrikaner („Schwarze")	79,3	39 136 200
Weiße	9,6	4 472 100
Farbige (Coloureds)	9	4 433 100
Asiaten (Inder)	2,6	1 279 100

Tab. 2: Unterteilung der Südafrikanischen Einwohner.

Afrikaner ('Schwarze')

Seit der Apartheid werden alle Menschen dunkler Hautfarbe, die eine Bantusprache als Muttersprachen sprechen, der Gruppe der 'Schwarzen' zugeordnet. Alle Menschen ethnischer südafrikanischer Gruppen sind Afrikaner. Das unter dem Namen *Bantu* bekannt Volk, wurde früher als *Hottentotten, Khoikhoi, San* oder *Buschmann* bezeichnet. Wie in der Verteilung der südafrikanischen Bevölkerung (vgl. Abbildung 2) erkennbar, bewohnen die Afrikaner vorwiegend den Osten Südafrikas. Trotz vieler eigenständiger Religionsminderheiten, sind 80% der schwarzen Bevölkerung Christen.

Weiße (Afrikaaner)

Aus politischen Gründen wurden Menschen europäischer Herkunft und - nicht nach geographischen Aspekten betrachtet – Japaner als weiße Bevölkerungsgruppe gesehen. Seit dem 17. Jahrhundert emigrierten diese als Nachfahren niederländischer, deutscher, französischer und englischer Einwanderer. Sie selber nennen sich *Afrikaaner* (doppeltes A), um sich von den Afrikanern zu unterscheiden. Als *Buren* wurden die Niederländer häufig von den Briten beschimpft. Ihren prozentualen Anteil an der Gesamtbevölkerung von 9,6% verteilt sich auf 60% Afrikaans sprechende Weiße *Buren* und 40% Englisch sprechende Weiße Briten sowie Anglo-Südafrikaner. Sowohl die Westküste als auch die Großstädte wie Kapstadt, Johannesburg und Pretoria werden vorrangig von Weißen bewohnt (vgl. Abbildung 2). Ebenso wie die Afrikaner fühlen sich 85% der Weißen den Christen zugehörig. Einen großen Einfluss spielt hierbei die DRC (Dutch Reformed Church).

Farbige (Coloureds)

Menschen mit schwarzen (afrikanischen) und weißen (europäischen) Vorfahren werden in Südafrika als *Coloureds* bezeichnet. Mit Gründung der Kapkolonie 1652 entstand die farbige Bevölkerung als Nachfahren von Europäern, *Khoikhoi* bzw. *Khoisan* und den zum Teil freigelassenen Sklaven. Die Muttersprache blieb mit 80% Afrikaans (20% Englisch). Während der Apartheid genossen sie eine gesellschaftlich höhere Rangordnung als Schwarze, galten jedoch stets 'niedriger' als Weiße, sodass sie beispielsweise der Verteilung der Siedlungsräume bevorzugt behandelt wurden. Der Einfluss der weißen auf die farbige Bevölkerungsgruppe lässt sich unschwer erkennen: „For over a hunderd years attempts have been made to foster and manipulate Coloured identity and to engineer socially a Coloured political alliance with the ruling white parties." (Vail 1989: 241). Der Begriff wird auch weiterhin in der Postapartheid verwendet. Weitere Stammesbegriffe für *Coloureds* sind *Orlam*, *Witbooi*, *Griqua* oder *Baster*. Vor allem das Nord- und Westkap wird von der farbigen Bevölkerung bewohnt.

Asiaten/Inder

Die hauptsächlich durch Inder vertretenen Asiaten Südafrikas, nehmen mit 2,6% den kleinsten Teil der Gesamtbevölkerung ein. Durch die Möglichkeit einer Arbeitsstelle auf den Zuckerrohrfeldern Natals oder als Händler in den Städten besiedelten sie seit Mitte des 19. Jahrhunderts vor allem die Regionen rund um Durban bzw. KwaZulu-Natal und später die Provinz Gauteng. Auch Chinesen (ca. 100.000) emigrieren zunehmend in die Regenbogennation. Asiaten vertreten die südafrikanischen Religionsminderheiten: 60-70% Hindus, 20% Moslems, 10% Christen.

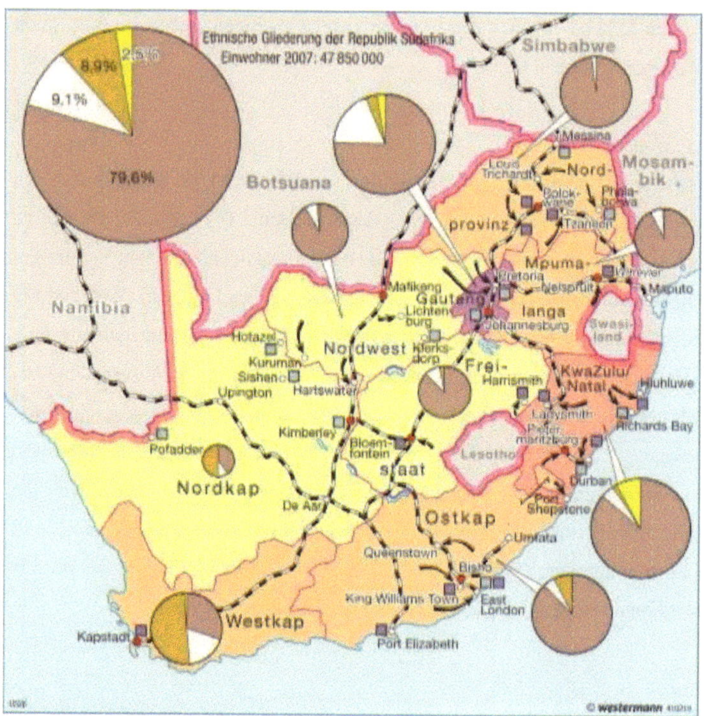

Abb. 2: Verteilung der südafrikanischen Bevölkerung (2007).

2.1   Ethnische Gruppen

Die ursprünglichen Einwohner Südafrikas werden als *San* bezeichnet. Sie wurden von neuen Völkern der *Bantu* im Laufe der letzten Jahrtausende vertrieben. "*San* are seen and progressively identify themelves as the descendants of Southern Africa`s indigenous inhabitants who have been the sole population group in the entire subcontinent, before the immigration of *Bantu* settlers started in the first millenium AD. After the immigration of *Bantu* cattle herder-farmers, state-like political systems started to involve in the region." (Hohmann 2003: 17ff). Der erste direkte Kontakt zwischen den Europäern und *San* - genannt *Sonqua* - durch die *Khoekhoe* und den frühen niederländischen Siedlern begann 1652 am Kap der Guten Hoffnung. Im Allgemeinen wurde das Gebiet um Kapstadt durch regelmäßige freundliche und unfreundliche Kontakte zwischen den verschiedenen Bevölkerungsgruppen der *San, Khoekhoe* oder *Bantu* bis zum Ende des 19. Jahrhunderts beschrieben (vgl. Barnard 1992: 157).

10

Der Sammelbegriff *Bantu* gilt allumfassend für über 400 verschiedene Ethnien Süd- und Mittelafrikas. Betrachtet man die Vielfalt der verschiedenen ethnischen Gruppen Südafrikas - wie die Darstellung der ehemaligen Homelands in Abbildung 3 - wird schnell klar, dass Südafrika nicht ohne Grund als 'Regenbogennation' bezeichnet wird.

Um die ethnischen Gruppen einordnen zu können, lassen sich die Ethnien in vier Obergruppen unterteilen: *Nguni, Sotho-Tswana, Venda-Karanga* und *Tsonga*. Mit 60% stellt die *Nguni* die größte ethnische Gruppe dar. Zu dieser zählen mit 11 Millionen Anhängern die *Zulu*, 8 Millionen gehören der *Xhosa* an sowie *Swasi* und *Ndbele*. Im Folgendem werden die wichtigsten ethnischen Gruppe erläutert.

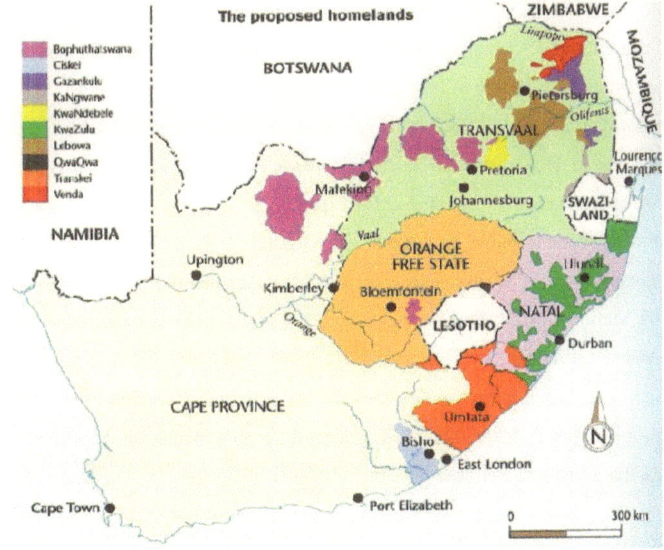

Abb. 3: Ehemalige Homelands in Südafrika.

Zulu

Die *Zulu* ist mit 11 Millionen Afrikanern die größte Volksgruppe der *Bantu*. Sie leben in der Provinz KwaZulu-Natal und sprechen isiZulu. Eingewandert aus dem Gebiet des Kongo lebten sie seit dem 17. Jahrhundert im früheren Natal. Wachsende Bevölkerung sowie konkurrierende Handelsbeziehungen mit den Weißen führten zur Expansion der beiden Hauptstämme - *Ndwandwe* und *Mthethwa*. Die *Zulu* waren zunächst ein Unterstamm der Mthethwa bis sie sich durch blutige Kämpfe und Führungen etlicher Könige unabhängig machten: „The *Zulu* were originally one of many petty clans scattered throughout *Zulu*land. In the early nineteenth century they rose to power, subdued their neighbours and imprinted their clan name upon all the tribes which today occupy *Zulu*land and Natal." (Tyrrell 1976: 111).

Merkmale der *Zulu* sind ihre gepiercten Ohren, die sie schon in der Kindheit bekommen. Die traditionelle Männerkleidung besteht aus einer zweiteiligen Schürze (Abdeckung der Genitalien und des Gesäßes). Die Länge der Schürze gilt als Indikator für Alter und soziale Stellung. Verheiratete Männer, Häuptlinge oder Anführer tragen meistens Kopfbänder (*umqhele*), die aus Springbock- oder Leopardenhaut hergestellt werden. Frauen tragen als Symbol der Heirat lange, ocker-farbige Haare.

Xhosa

Xhosa sind auch bekannt als „[...] orange blankets of the Transkei. The *Xhosa* - a general term for diversity of tribes - are people of Nguni stock who migrated from North-East Africa and settled first in *Zulu*land, were scattered in tribal fights and escaped to the Eastern Cape Colony, where they ousted Hottentot and Bushman." (Tyrell 1976: 183). Sie besiedelten durch die prekäre Arbeitssituation vor allem das Ostkap, sind inzwischen durch inländische Arbeitsmigration in der ganzen Republik Südafrikas ansässig. Ihre Sprache ist isiXhosa - eine ursprüngliche Buschmannsprache, die durch spezielle Klicklaute ergänzt wird.

Das bekannte äußere Merkmal ist der Turban, den sowohl Frauen als auch Männer tragen. Ab einer bestimmten Anzahl an Kinder, ist es den Frauen außerdem erlaubt, Pfeife rauchen. Auf dem Weg vom Jungen zum Mann muss die *Khwetha,* die Jungenschule, besucht werden. Diese endet mit der traditionellen Beschneidung. Die gegenwärtig prominentesten Angehörigen des *Xhosa*volks sind der Jurist und Politiker Nelson Rolihlahla Mandela sowie der Erzbischof Desmond Tutu.

Swazi

Ebenfalls als Untergruppe der *Nguni* sind die *Swazi* aufgrund ihrer kulturellen Ähnlichkeit eng verwandt mit den *Zulu* - dies bestätigte bereits Tyrrell (1976: 135) in seinen Forschungsarbeiten: „The *Swazi*, so named after a powerful chief of former days, are near neighbours of the *Zulu* and akin in custom, dress an language. These are apolygamous people with extremely complex behaviour patterns and elaborate tribal rituals." Aus ihrem Namen lässt sich die geographische Verteilung ableiten, Swasiland, dass ab 1881 unabhängig war und 1895 durch den Sturz des *Swazi*-Königs zum Protektorat wird (teil-souveränes staatliches Territorium unter britischer Führung). Durch ihre kämpferische Ader, erlangten sie einige Siege: 1856-

1865 Erweiterung ihres Territoriums durch einen friedlichen Vertrag mit den Buren, 1889 Kämpfe mit Briten wegen großem Goldvorkommen, etc.

Nd(e)bele

„The Ndebele are of Nguni descent and their language basically *Zulu*, but their dress reflects Sotho origins and there is an interesting but perhabs coincidental likeness to the dress of the Bale initiation girl of Lesotho, with their apron, backshirt and grass rings." (Tyrrell 1976: 83). Im 15./16. Jahrhundert wanderten sie aus dem Natal-Gebiet nach Mpumalanga ein und wurden im 19. Jahrhundert durch die Buren wieder vertreiben. Heute leben sie nordöstlich von Pretoria und leben in Rundhütten und sind von dem Volk der simbabwischen Ndbele zu unterscheiden. In ihren Kreisen ist Polygamie sehr verbreitet. Hierbei steht jeder Frau ein eigenes Haus zu. Die Sprache IsiNdebele wird auch mit Klicklauten ergänzt. Weiter Besonderheiten sind die Farbenpracht der Kleidung und der Häuser, die 'Giraffenfrauen' (Metallringe um Hals, Arm und Fußknöchel wenn verheiratet) und ihre Musiktradition (Beinrasseln, Schlaghölzer).

Basotho (Sesotho)

Basotho gehören zur Gruppe der *Sotho-Tswana*, die mit ca. 30% die zweitgrößte Untergruppe der *Bantu* bilden. Das aus Lesotho stammende Bergvolk ist eines der jüngsten Völker Südafrikas. Durch die Integration anderer Stämme zum *Basotho*volk wuchs der Stamm zwischen 1936-1948 jedoch schnell an. Heute bewohnen sie die Gebiete Lesotho und Orange-Freistaat und sprechen wie andere Volksgruppe ihre eigene Sprache: Sesotho. Typische Merkmale sind der Sonnenhut und die buntbestickten Decken als Kleidung.

Tswana (Batswana)

Ebenfalls zur Gruppe der *Sotho-Tswana* gehören – wie der Name bereits sagt - die *Tswana* mit ca. 3,3 Millionen südafrikanischen Stammesangehörigen. Bis heute bewohnen sie das ehemalige Homeland Bophuthatswana in den heutigen Nordkap- und Nordwestprovinzen. Sie sprechen die Bantusprache Setswana. Ein besonderes Statussymbol sind die Rinder, durch deren Besitz die soziale Stellung bestimmt wird. Heute kommen auf jeden Bürger zwei Rinder, wodurch die Rinderzucht einer der wichtigsten Wirtschaftsfaktoren ist.

Venda

Das Volk der *Venda* entstand durch eine Abspaltung zweier Völker in Simbabwe. Die ca. 700.000 Menschen leben im heutigen Limpopo (ehemals Transvaal). Ihr Heiligtum ist der Lake Fandudzi, wie auch Tyrrell beschreibt: „This lake has no outlet and is a place of fear, being the heart of *Venda* lore and secrets. Here dwell spirits to whom girls were sacrificed as the culminating rite of the initiation school domba, and here, it is said, a whole village lies drowned." (Tyrell 1976: 43)

Alle Mädchen müssen auf ihrem Weg zur Frau die *Domba* für 9 Monate durchlaufen um zur Frau zu werden. Es werden Tänze, Rituale und Hochzeitsvorbereitungen gelehrt. Zum Abschluss der Schule wird ein Feuer entzündet, das 9 Monate brennt, bis der Zeitraum für die neue Schule beginnt.

Tsonga

„The *Tsonga*, of the (Shangane-)*Tsonga* group, are scornfully referred to as ‚fish-eaters' by the *Zulu*, who consider a fish as unpalatable as a snake. Dress is of mixed *Zulu-Swazi* style." (Tyrrell 1976: 146). In Südafrika werden die Shangaan häufig *Tsonga* genannt. Ihr Name stammt vom ehemaligen Häuptling, früher *Kaffer* genannt. Auch sie leben in der heutigen Provinz Limpopo (während Apartheid im Homeland Gazankulu /Transvaal) und sprechen ihre eigene Sprache: Xitsonga.

2.2   Religionen

Tabelle 3 zeigt deutlich, dass die Republik Südafrika mit knapp 80% der Gesamtbevölkerung christlich geprägt ist. Gründe dafür sind vor allem der große Anteil der Christen in der schwarzen Bevölkerung bzw. den Ethnien.

Religion	Anzahl der Bevölkerung	Prozentualer Anteil an der Gesamtbevölkerung (in %)
Christentum	35 750 641	79,8
Keine Religion	6 767 165	15
Islam	654 064	1,8
Unbestimmt	610 974	1,4
Hinduismus	551 668	1,2
Andere Religion / Stammesreligionen	283 815	0,6
Judentum	75 549	0,2
TOTAL	44 819 774	100

Tab. 3: Religionen Südafrikas.

Weitere Religionsrichtungen bilden aufgrund ihrer geringen Anteile an der Gesamtbevölkerung die religiösen Minderheiten in Südafrika [...] especially in the greater Durban region, which is characterised by its plurality of religions and cultures (vgl. Smit/Oosthuizen 2005: 12). Eine besondere Stellung nimmt durch den hohen Anteil an islamistischen und hinduistischen Religionsrichtungen die Stadt Durban in der Provinz Kwa*Zulu*-Natal ein: *Kapmalaien* – Gruppe ehemaliger muslimischer Sklaven.

Christentum

A significant contributor in the theory of apartheid was Christiantiy, more specifically the Dutch Reformed Church (DRC, vgl. Zion Christian Church in Abbildung 4), which was the dominat Christian tradition among the ruling Afrikaners in South Africa at this time. The first president of democratic, post-apartheid South Africa, Nelson Mandela, explains in his autobiography that the apartheid policy was supported by the DRC, which furnished apartheid with its religious underpinnings by suggesting the Afrikans were God's chosen people and that blacks were subservient species. In the Afrikaner's worldview, apartheid and the church went hand in hand. In fact, some members of the DRC have claimed that their church, not the National Party, laid down the principles and framework for apartheid. (vgl. Shore 2009: 39).

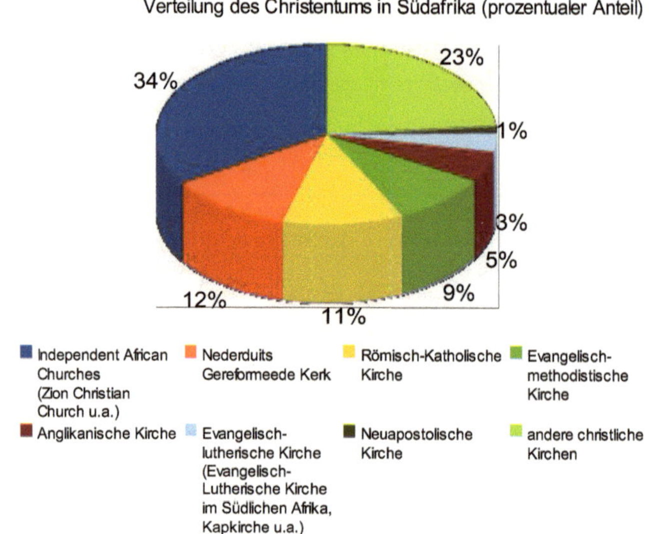

Abb. 4: Verteilung des Christentums in Südafrika.

2.3 Sprachen

Südafrika besitzt nicht nur eine Nationalsprache, sondern elf Amtssprachen, wovon fünf in ihrer Hymne vorkommen. Auf der einen Seite wurden Weiße, Inder, Schwarze und Farbige auf der Grundlage der Farbe ihrer Haut voneinander getrennt. Wenn Menschen nicht auf einer solchen Basis geteilt werden, wie im Fall der Weißen britischer Abstammung und Weißen niederländischer Abstammung (Die Buren), dann kann Sprache, in diesem Fall Englisch oder Afrikaans, als der trennende Faktor verwendet werden (vgl. Kamwangamalu 2000: 1). Wie bereits im vorherigen Abschnitt beschrieben wurde, separiert sich jede ethnische südafrikani- sche Gruppe durch eine andere Sprache. Da der größte Bevölkerungsanteil der *Zulu*gruppe entspricht, ist es nicht verwunderlich, dass auch IsiZulu die am meist gesprochene Sprache ist (vgl. Abbildung 5).

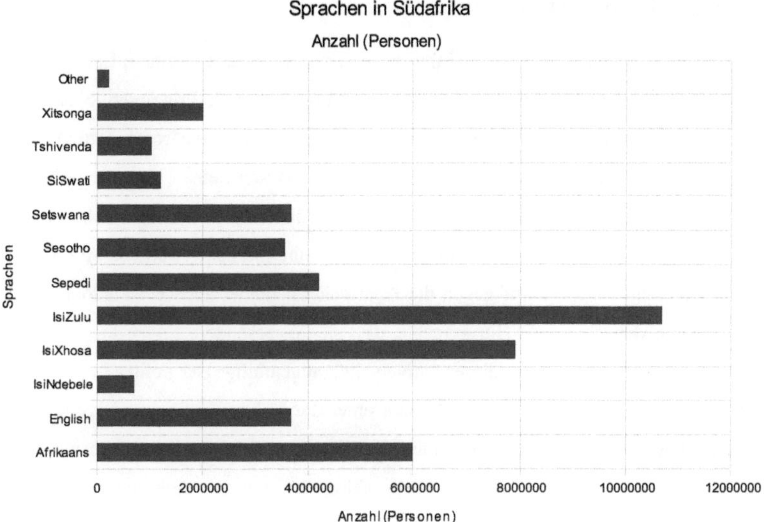

Abb. 5: Sprachen in Südafrika.

Wie Kamwangamalu (2000: 1ff) unterstreicht, hat die Sprache erheblichen Einfluss auf die Bildung ethnischer Identitäten und deren äußerer Abgrenzung. Davon ausgehend trägt die Apartheid überwiegend Verantwortung: „Similarily, language serves as a catalyst in the apartheid division of black South Africans into various ethnic groups, a division that resulted in the creation of what came to be known as 'ethnic homelands'. There was for instance a *Zulu* ethnic homeland for *Zulu*-speakers, a *Xhosa* homeland for *Xhosa*-speakers and so on. The Nedebele, the *Xhosa*s, the *Zulu*s and the *Swazi*s were treated as separated ethnic groups, [...] although the languages they spoke were mutually intelligible varieties of the Nguni language."

Die Verteilung der Sprachen ist somit an die räumlichen Grenzen und Ausbreitung der ethnischen Gruppen gebunden. Es folgt aus diesem Hintergrund, dass das Apartheidssystem eine relativ statische Sicht der Beziehung von Sprache und Ethnizität hat (vgl. Makoni 1996: 261).

3.   Geschichte der Ethnizität

Um Hintergründe und Maßnahmen der Ethnien zu verstehen, bedarf es einem Einblick in die damit eng verflochtene Geschichte der Apartheid und deren soziale Prinzipien. Nicht nur in der Menschenrechtsfrage der Gegenwart nimmt Südafrika aus mehreren Gründen eine Schlüsselposition ein. Zunächst einmal ist das Apartheidssystem eine Form der politischen Herrschaft und der sozialen Organisation, die der europäischen Menschenrechtstradition ins Gesicht schlägt, weil sie auf rassistischen Prinzipien beruht und daher weltweit Abscheu und Empörung hervorruft. Der Kampf gegen die Apartheid ist immer auch ein Plädoyer für die Universalität der Menschen- und Bürgerrechte, dass sich insbesondere gegen Rassismus richtet. In Südafrika wird die Brisanz dieser Universalität augenfällig: Der politische Kampf um die Einführung einer Verfassung vollzieht sich unter der Rahmenbedingung, dass die Teilnehmer dieses Kampfes nicht nur durch unterschiedliche politische Rechte und soziale Standpunkte bestimmt sind, sondern zugleich auch zahlreiche Kulturen repräsentieren. Europäische, schwarzafrikanische und indische Traditionen und Mentalitäten sowie mannigfaltige Überschneidungs- und Mischformen geben der politischen und sozialen Auseinandersetzung ein eigentümliches Profil. Südafrika ist - ungewollt, aber unvermeidlich - ein Brennspiegel für die interkulturelle Dimension menschen- und bürgerrechtlichen Denkens und zugleich für den Konflikt zwischen der Ersten und Dritten Welt. Es handelt sich um ein System, dass beide Lebensformen, eine hochentwickelte Industriegesellschaft und ein Entwicklungsland in sich einschließt und die Gegensätze beider in sich austragen muss (vgl. Rüsen/Vörös-Rademacher 1992: 11ff).

3.1   Während der Apartheid

Mit Gründung der Union Südafrika im Jahr 1910 wurde die Rassentrennung verstärkt. 1948 folgte mit dem Population Registration Act die gesetzliche Verankerung der offiziellen Unterteilung in vier Rassen. Schwarze wurden Ausländer im eigenen Land. Gleichzeitig entstanden die zehn *Bantu*-Homelands (Wohngebiete schwarzafrikanischer Bevölkerung), wie bereits in Abschnitt2 erläutert wurde. 1970 entlässt die Nationalpartei vier Homelands in Unabhängigkeit, die jedoch weltweit keine Anerkennung gewährleisten konnten, da keine Wirtschaftsgrundlage vorhanden war: keine Bodenschätze, kein Ackerland, kein zusammenhängendes Staatsgebiet.

Die Rassentrennung fand ebenso in Städten statt: sowohl Gesetze für die Zutrittsberechtigung der Schwarzen wurden eingerichtet als auch Townships (Schlafstätte der schwarzen Bevölkerung) außerhalb den Städten, die teilweise ohne Wasser und Strom lebten. Die große Umsiedlung der schwarzen Bevölkerung von Städten in Townships und von ländlichen Gebieten in Homelands folgte mit sofortiger Wirkung. Verschärft wurden ebenfalls die Verbote von Mischehen und sexuellen Beziehungen zwischen verschiedenen Rassen. 1976 entwickelten sich Aufstände in Sowetho durch die Eskalation einer Schüler-Demonstration. Daraus resultierten weitere Aufstände in ganz Südafrika, die vom African National Congress (ANC) angeführt wurden. 1962 wurde ihr Vizepräsident Nelson Mandela verurteilt und kam ins Gefängnis. Neben Mandela zählt Desmond Tutu zu einer der bedeutendsten Persönlichkeiten während der Apartheid, der 1984 den Friedensnobelpreis für seinen Kampf gegen die Apartheid erhielt. Nach etwa 30 Jahren wurde Mandela am 11. Februar 1990 aus dem Gefängnis durch Anordnung des damaligen Präsidenten de Klerk entlassen und verkündete am gleichen Tag seine Politik der Versöhnung. „A week earlier, President F.W. de Klerk had stunned the world when he ended 40 long years of ever-tighterrestrictions on political activity by unbanning the African National Congress (ANC) and myriad other illegal organisations." (O'Meara 1996: 3) Mandela und de Klerk erhielten 1993 gemeinsam den Friedensnobelpreis. 1994 gewann der ANC die ersten demokratischen Wahlen Südafrikas. Am 9. Mai wurde Nelson Mandela vom neuen Parlament zum ersten schwarzen Präsidenten des Landes gewählt (vgl. Rüsen/Vörös-Rademacher 1992: 26).

3.2   Heutige Entwicklung / Aktualität

Die Alleinherrschaft der Weißen war nach den ersten demokratischen Wahlen eine Sache der Vergangenheit und der neue Präsident forderte alle Südafrikaner auf, die bitteren Erinnerungen an gestern zu vergessen. Mandela sprach von der Notwendigkeit der Versöhnung zwischen ehemaligen Feinden. Sein unerschütterlicher Glaube an Freiheit und Gerechtigkeit unterstreicht auch diese Aussage: "Niemals, niemals und nie wieder soll dieses schöne Land erleben, wie ein Mensch von einem anderen Menschen unterdrückt wird." Mit dem Ende der Apartheid lag die Staatsmacht in den Händen einer von allen Bürgern Südafrikas gewählten Regierung. Das Staatsgebiet hat sich fast verdoppelt, nachdem die vier 'unabhängigen' Staaten (Transkei, Bophuthatswana, Venda, Ciskei) und die sechs 'autonomen' Gebiete (Lebowa, Gazankulu, Kwazulu, Qwaqwa, Kangwane, Kwandebele) zu Südafrika zurückgekehrt sind. Südafrikas Staatsvolk ist von rund 5 Millionen weißen Wählern auf fast 40 Millionen Bürger angewachsen. 5,1 Millionen Weiße waren bisher wahlberechtigt und konnten politische Entscheidungen treffen und ändern. Rund 19 Millionen Schwarze wohnten in Homelands, deren Führer Despoten und Millitärdiktatoren waren. Die übrigen 16 Millionen - Schwarze, Coloureds und Inder - lebten in den für Weiße bestimmten Gebieten. Aus 40 Millionen Bürgern muss kein eigenes Volk werden, um das Funktionieren Südafrikas zu garantieren (vgl. Behrens/Rimscha 1994: 9ff).

In mehr als nur Ansätzen ist der neue 'Homo Südafrikanensis' schon entstanden. Bei der Eröffnung des multiethnischen Parlaments war dieser Wandel bereits evident. Statt dunkler Nadelstreifen und langweiligen Krawatten zogen farbenprächtige afrikanische Roben ein. Untersuchungen und Umfragen ergaben erstaunlich ähnliche Wertvorstellungen bei Schwarzen und Weißen. Beide Gruppen sind eher wertkonservativ und wirtschaftlich liberal. Beide Bevölkerungsteile sprechen sich für ein stärkeres soziales Engagement des Staates aus. Die Apartheid als Herrschaft einer weißen Minderheit über die schwarze Mehrheit war eine Form kolonialer, fremd bestimmender Herrschaft. Mit der Amtseinführung Mandelas ist das Zeitalter des Kolonialismus in Afrika endgültig zu Ende. Auch der 'Befreiungskampf', den man wörtlich nehmen muss, hat sein Ende gefunden (vgl. Behrens/Rimscha 1994: 204ff).

Durch die gesellschaftlichen Reformen nach dem Ende der Apartheid haben sich die Lebensverhältnisse für einen Teil der *Xhosa*, denen auch Mandela angehört, mit Arbeitsplätzen in den Städten verbessert. Sie arbeiten neben den weniger gut bezahlten Tätigkeiten in Industrie, Kleinhandwerk und Handel auch in den öffentlichen Verwaltungen, wissenschaftlichen Einrichtungen, Banken, Versicherungen und vielen anderen Sektoren. Dabei nehmen sie auch leitende Funktionen oder die Stellung von Firmeninhabern war. Aus Gewohnheitsgründen ist die Arbeitswelt zwischen der schwarzen und weißen Bevölkerung noch geteilt. Eine der wenigen Ausnahmen bilden der Wissenschaftssektor und einzelne Unternehmen, die ausdrücklich auf eine gemischte Personalstruktur setzen.

Die moderne Schul-, Berufs- und Hochschulbildung ist nach dem Ende der Apartheid 1994 freier und liberaler geworden. Formell fielen die Apartheidsschranken, aber durch die anhaltend getrennte Wohnsituation der schwarzen und weißen Bevölkerung ergibt sich besonders in den überwiegend ländlich geprägten Siedlungsgebieten des Ostkaps zwangsläufig eine getrennt verlaufende Schulausbildung. Das Schulwesen orientiert sich am englischen System und die Kinder tragen Schuluniformen. In fast allen größeren Siedlungen sind eine oder mehrere Schulen vorhanden. Vereinzelt sind Schullandheime bzw. Feriencamps vorhanden, die teilweise von privaten Betreibern (christliche Missionen, Stiftungen) betrieben werden. Dort ergibt sich ebenso eine gemischte, teilweise internationale Zusammensetzung.

Trotzdem wird die Schaffung einer multirassischen Gesellschaft schon deswegen immer wieder auf Hindernisse stoßen, weil – wie auch Destiller (2004: 1) bestätigt – in Südafrika das Individuum nur in seinem Bezug zur Stammes- oder Rassenidentität definiert wurde: „The national metaphor [...] of the 'Rainbow Nation' , raises at least as many problems as it attempts to solve and [...] a discourse of 'rainbowism' foregrounds racial variety even as it does not constructively deal with the meanings thereof." Südafrika aber unterscheidet sich jedoch vom Rest Afrikas, weil die Wirtschaft und die Infrastruktur funktionieren und eine schwarze Mittelschicht im Entstehen ist. Wie gefestigt Südafrika ist, wird man erst in den kommenden Jahren erkennen können. Die Südafrikaner müssen lernen, dass ein Staatswesen nur dann funktioniert, wenn die Rechte und die Eigenarten von Minderheiten respektiert werden. Noch ist dieser Dezentralismus nicht genügend ausgereift, aber ein Lernprozess hat bereits eingesetzt (vgl. Behrens/Rimscha 1994: 202ff).

4.   Fazit – Ein Leitbild für Südafrikas Entwicklung?

Zulu, Xhosa, Ndebele oder die „Giraffenfrauen" – die ethnische, sprachliche und kulturelle Vielfalt Südafrikas ist riesig. Doch die Apartheid hinterließ ein orientierungsloses Land, dem schließlich erst wieder durch Nelson Mandela eine Richtung zuteilwurde – Akzeptanz, Toleranz und Kooperation. 16 Jahre nach dem Ende der Apartheid scheint Südafrika auf dem richtigen Wege zur Identitätsfindung zu sein, doch die Ungleichheit im Land, eines der größten Konfliktpotentiale, wurde trotz der Regierungsanstrengungen immer noch nicht besiegt. Für soziale und ökonomische Gleichheit zu sorgen, um Spannungen abzubauen und zu verhindern – dies muss das Leitbild für Südafrikas zukünftige Entwicklung sein.

Literaturverzeichnis

Alexander, N. (1984): Race, ethnicity and nationalism in social science in South Africa. -In: 15th Annual congress of association of sociology in southern africa. Johannesburg.

Barnard, A. (1992): Hunters and Herders of South Africa: A Comprehensive Ethnography of khoisan peoples. Cambridge. Cambridge University Press.

Behrens, M./Rimscha, R. von (1994): Gute Hoffnung am Kap? Das neue Südafrika. Zürich.

Berry, B. (1951): Race relations. - In: Race relations.

Bloom, L. (1998): Identity and ethnic relations in Africa. Interdisciplinary research series in ethnic, gender and class relations. Aldershot.

Gingrich, A (2001): Ethnizität für die Praxis. - In: Wernhart, K./Zips, W. (Hg.): Ethnohistorie – Rekonstruktion und Kulturkritik. Eine Einführung. Promedia. Wien. Seiten 99-111.

Hohmann, T. (2003): San and the state. Contesting land, development, identity and representation. History, cultural traditions and innovations in Southern Africa 18. Köln.

Kamwangamalu, N. (ed.) (2000): Language and ethnicity in the new South Africa.

Makoni, Sinfree (1996): Language and identities in Southern Africa. - In: Gordendiere, L. de la/King, K./Vaughan, S. (Hrsg.): Ethnicity in Africa - Roots, Meaning and Implications. S. 261-274. Edinburgh: Centre of African Studies. University of Edinburgh.

o.A. (2007): Diercke Weltatlas.

O'Meara, D. (1996): Forty lost years. The apartheid state and the politics of the National Party, 1948 - 1994. Randburg.

Rüsen, J./Vörös-Rademacher, H. (1992): Südafrika. Apartheid und Menschenrechte in Geschichte und Gegenwart. Bibliothek der Historischen Forschung 4. Pfaffenweiler.

Shore, M. (2009): Religion and conflict resolution. Christianity and South Africa's Truth and Reconciliation Commission. Farnham, Surrey, England.

Smit, J. A. a. Oosthuizen, G. C. (2005): The study of religion in Southern Africa. Essays in honour of G.C. Oosthuizen. Numen book series 109. Leiden.

Strous, M. (2003): Racial sensitivity and multicultural training. Contributions in psychology 46. Westport. Conn. London.

Tyrrell, B. (1976): Tribal peoples of Southern Africa. Cape Town.

Vail, L. (1989): The creation of tribalism in Southern Africa. London.

Zegeye, A. (2001): Social identities in the new South Africa. Social identities. South Africa series. Vol. 1. Cape Town.